开心物理

电磁

童牛◎著

天地出版社 | TIANDI PRESS

图书在版编目（CIP）数据

电磁 / 童牛著. —成都：天地出版社，2023.5
（开心物理）
ISBN 978-7-5455-7575-0

Ⅰ.①电… Ⅱ.①童… Ⅲ.①电磁现象—少儿读物
Ⅳ.①O442-49

中国版本图书馆CIP数据核字（2023）第011667号

电磁
DIANCI

出 品 人	杨　政
著　　者	童　牛
责任编辑	李红珍　赵丽丽
责任校对	张月静
平面设计	魔方格
责任印制	刘　元

出版发行 天地出版社
（成都市锦江区三色路238号　邮政编码：610023）
（北京市方庄芳群园3区3号　邮政编码：100078）

网　　址	http://www.tiandiph.com
电子邮箱	tianditg@163.com
经　　销	新华文轩出版传媒股份有限公司

印　　刷	三河市兴国印务有限公司
版　　次	2023年5月第1版
印　　次	2023年5月第1次印刷
开　　本	710mm×1000mm　1/16
印　　张	8
字　　数	128千
定　　价	168.00元（全6册）
书　　号	ISBN 978-7-5455-7575-0

前　言

　　对世界充满好奇心和想象力，这就是科学探索的原动力！

　　其实，任何伟大的发现都是从无到有、从小到大，从零开始的！很久以前，苹果落到了地上，如果牛顿一点儿也不好奇，怎么能发现神奇的万有引力？如果列文虎克不仔细观察研究牙齿上的污垢，又怎会发现细菌呢？

　　雨珠为什么能够连成线？声音撞到墙为什么会返回来？光的奔跑速度会改变吗？霓虹灯为什么能放射出七彩的光芒？……原来，声、光、电、力，还有水和空气，这些司空见惯的事物都蕴藏着无穷的奥秘。

　　"开心物理"系列丛书精心编排了200余个科学小实验，它们的共同点是：选取常见的实验材料，运用简便的方法，收到显著的效果。实验后你就会发现，物理真的超简单！科学真的超有趣！

　　哈哈，来吧，让我们一起到位于郊外的克莱尔家里，与调皮又聪明的猫咪艾米一起，动手做实验、动脑学科学吧！

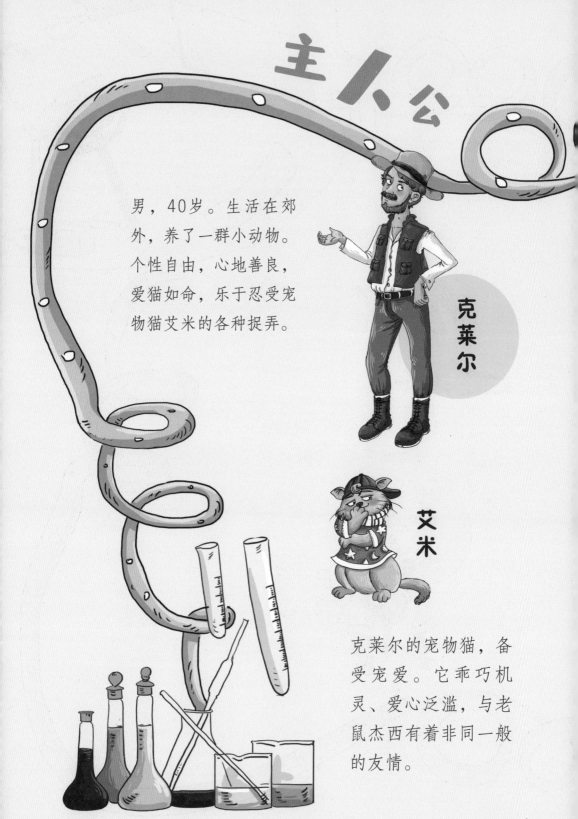

主人公

男，40岁。生活在郊外，养了一群小动物。个性自由，心地善良，爱猫如命，乐于忍受宠物猫艾米的各种捉弄。

克莱尔

艾米

克莱尔的宠物猫，备受宠爱。它乖巧机灵、爱心泛滥，与老鼠杰西有着非同一般的友情。

杰西

一只老鼠，贼头贼脑，偷吃偷喝，但是本质不坏，犯错之后会忏悔。

尼克

一只凶猛的斗牛犬，常与老鼠杰西为敌，却拿艾米没办法。

目录

烟向何处飘

你需要准备：

塑料尺子
尼龙布
安全火柴
蚊香
蚊香座

实验开始：

1. 用火柴把蚊香点燃，用火一定要小心；

2. 把蚊香插在蚊香座上，看着香烟升起；

3. 用尼龙布摩擦塑料尺子，要多蹭一会儿；

4. 将尼龙布摩擦过的尺子靠近蚊香冒出的烟；

5. 移动尺子并观察烟的走向。

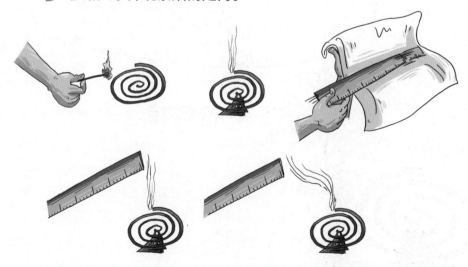

有趣的现象：

蚊香冒出的烟原本弯弯曲曲向上飘散，但是当尺子凑过去的时候，烟好像找到了依靠一样，向尺子飘过来。对了，尺子到哪里，烟就飘到哪里！

烟为什么那么喜欢尺子呢？克莱尔，它们很久以前就认识对吗？

当然不是！其实烟和尺子刚刚认识，这是电的魔力，让香烟跟尺子相亲相爱不分开。这么说吧，被尼龙布蹭过的尺子暂时成为一个带电体，它可以吸引某些轻巧的小东西，例如构成香烟的微小颗粒。

知识链接

蚊香当中的香料主要取自自然界的芳香植物，如艾叶、菖蒲、玫瑰花、茉莉花等。这样的芳香味道不仅能够遮掩空气中的异味，而且在某种程度上具有提神醒脑的功效。

"杰西，你非常勇敢，对吧？"艾米望着杰西说。

"猫王，您是在夸赞我吗？"杰西不敢相信。

"当然是夸你了！杰西，让我蹭蹭你好不好？"

"蹭蹭，怎么蹭？"

"就用尺子蹭蹭，塑料的尺子。"艾米拽着杰西的尾巴说。

艾米把杰西拽到黑暗的仓库里，拿起塑料尺子使劲蹭它的毛。谁知，艾米真的蹭出了噼里啪啦的小火花。

"克莱尔，为什么杰西的身上会冒出星星呢？"

"艾米，那其实是静电冒出的小火花，我脱掉毛衣的时候，身上也可能冒这样的星星。"

禁区不准入

你需要准备：

干净的抹布
CRT电视机
爽身粉
手帕

实验开始：

1. 用抹布把电视机屏幕擦干净；

2. 打开电视机，半小时之后关上它；

3. 用手指头当画笔，在电视屏幕中央画个实心的圆，并且记住圆的位置；

4. 用手帕蘸上少量爽身粉；

5. 将蘸了爽身粉的手帕靠近屏幕中央的圆的位置；

6. 观察电视屏幕的变化。

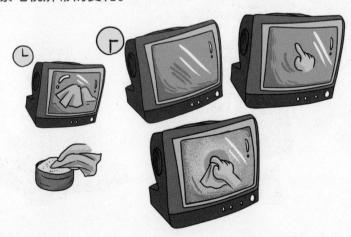

有趣的现象：

虽然你画了个圆，但是没有尘土的电视机屏幕上并没留下它的痕迹。不过，当爽身粉靠近屏幕的时候，意外发生了。没错，爽身粉粘到了屏幕上，画过圆的地方却是空白的。

那里为什么没有粉末？克莱尔，那个圆就像精灵的禁区对不对？

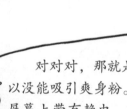

对对对，那就是个禁区！因为禁区没有电，所以没能吸引爽身粉。这么说吧，刚刚关闭的电视机屏幕上带有静电，但是手指头的触摸又会带走静电。这样一来，手指画出的圆形就成了没有电的禁区。当然了，只有老式的CRT电视才会出现这样的现象，液晶电视的屏幕上几乎是没有静电的。

知识链接

现代复印机的"老祖先"叫作静电复印机，它利用静电实现了图像和文字的转移。简单地说，静电复印机会把原文件转变成一张静电图像，然后把墨粉吸到图像上，再把墨粉粘到一张白纸上。最后，我们就能得到另一份一模一样的新文件。

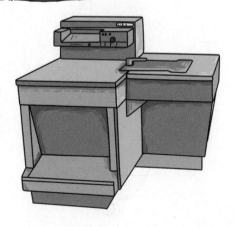

"天哪，手指头会把电带走，是这样吗？"艾米问。

"没错，人的身体的确是可以导电的。"

"电灯有电，电冰箱有电，电视机也有电……我们已经离不开电了，对不对？"

"你说得太对了！电是生活的好帮手。"

"既然到处都是电，克莱尔，你为什么没有被电到？"

"那是因为我们的家用电器都经过了漏电保护处理，这是一项非常复杂的工程哦。"

跳过去看看

你需要准备：

空的塑料小药瓶
CRT电视机
细线
双面胶

实验开始：

1. 打开电视机；
2. 用双面胶把小药瓶粘在细线上；
3. 拎起粘着小药瓶的细线，让小药瓶靠近电视屏幕；
4. 耐心等一会儿，观察小药瓶的状态。

有趣的现象：

小药瓶刚刚靠近电视屏幕的时候，迅速贴了过去。但是没过多久，它对电视屏幕失去了兴趣，头一摇就跳开了。

粘上去又弹回来。克莱尔，你知不知道小药瓶在想什么？

当然知道，它其实在思考一个关于电的问题！小药瓶本身是没有电的，但是电视屏幕有电，所以把它吸了过去。可过了一会儿，电视屏幕上的电转移到小药瓶身上，让它俩带有了同种电荷。要知道，同电相斥！

知识链接

摩擦起电、接触起电、静电感应等方式都可以使某一物体的电荷量发生变化。电荷既不能凭空被创造，也不能凭空消失，它只能在两个物体之间，或者在某一物体内部发生转移，而且转移的过程中总量会保持不变。

"电究竟是从哪里来的，怎么会有电呢？"

"电是一种能量，有人造的也有天然的，比如闪电就是一种天然的电能。"

"可是，今天没有闪电，为什么还能看电视呢？"

"因为天然电能不仅数量少，而且用起来很不方便，所以我们家里用的电大多来自发电厂。"

爆米花跳跳跳

你需要准备：

白纸
爆米花
保鲜袋

实验开始：

1. 把一个保鲜袋套在手上；

2. 用套着保鲜袋的手快速摩擦白纸，要多蹭一会儿；

3. 把几颗爆米花放在白纸上；

4. 举起套着保鲜袋的手，并停留在爆米花上方；

5. 观察爆米花的状态。

有趣的现象：

哇，爆米花跳起来了！保鲜袋和爆米花本来各不相干，但是当袋子和白纸发生摩擦后，爆米花好像特别喜欢袋子了，争先恐后地向它跳过来。

爆米花为什么蹦蹦跳跳呢？克莱尔，难道你不认为这件事情很奇怪吗？

啊哈，爆米花变成了跳高健将！这件事听着很神奇，但解开其中的秘密就不觉得奇怪了。当保鲜袋和白纸发生摩擦之后，白纸的电荷被保鲜袋卷走了。而爆米花只喜欢有电的地方，所以它们一跃而起，全都飞向了塑料袋！

知识链接

在今天的家庭生活中，保鲜袋的使用已经非常广泛了，如果按制作材质划分，可以将它们分成聚乙烯（PE）、聚偏二氯乙烯（PVDC）等不同类别。其中聚乙烯主要用于包装水果、蔬菜，而聚偏二氯乙烯主要用于熟食的包装。

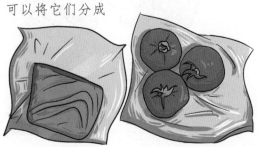

"香甜的爆米花！克莱尔，玉米粒为什么会开花呢？"艾米问。

"那是因为它受热变软之后，内部发生了一场小爆炸！"

"原来如此！"

"想吃爆米花吗？"艾米拎着一小袋玉米粒问杰西。

"当然想吃了！"

"想吃的话，就用你的老鼠爪抓一粒玉米，在肚皮上蹭蹭再蹭蹭，一会儿就可以炸开了！"

唉，杰西用了艾米的办法，从清晨蹭到日落，老鼠毛都蹭掉了也没吃到爆米花。

"克莱尔，为什么杰西不能爆出米花？"

"艾米，爆米花需要达到很高的温度，但是杰西的肚皮并没有那么热。"

呼唤隐身的面粉

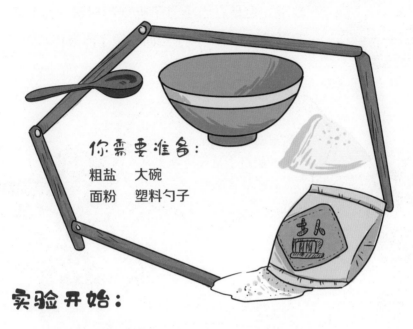

你需要准备：

粗盐　大碗
面粉　塑料勺子

实验开始：

1. 把粗盐倒进碗里；

2. 往盐里撒点儿面粉，晃动大碗让粗盐和面粉混合起来；

3. 拿起塑料勺子在头发上快速摩擦；

4. 将勺子靠近装着盐的碗，停在碗口上方，观察勺子的状况。

有趣的现象：

白白的面粉混在盐粒当中，看起来好像没救了。但是，当小勺子出现的时候，意想不到的事情发生了：勺子把面粉吸了出来！

咦，勺子为什么能找到面粉？克莱尔，你能不能用手把掉进盐里的面粉挑出来呢？

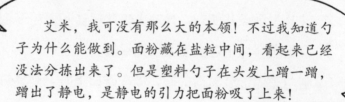

艾米，我可没有那么大的本领！不过我知道勺子为什么能做到。面粉藏在盐粒中间，看起来已经没法分拣出来了。但是塑料勺子在头发上蹭一蹭，蹭出了静电，是静电的引力把面粉吸了上来！

知识链接

我们通常所说的面粉，就是用小麦磨成的粉末。如果依据蛋白质含量多少进行划分，可以将面粉分为以下几种，即高筋粉、低筋粉及无筋面粉。高筋粉适合做面条，而低筋粉更适合做蛋糕。

"站住，杰西！"

杰西探头探脑地钻出老鼠洞，发现艾米正堵着门。

"好吧，猫王！看样子，我不站住是不行的。"

"杰西，你要不要试试我的吸尘器？"

"吸尘器？猫王，我家刚刚打扫过，根本用不着那个玩意儿。"杰西回道。

艾米把杰西按在地上，用塑料勺子蹭它，蹭得杰西吱吱叫。

"乖啊杰西，你看你的毛上沾着好多土，我帮你把它们吸出来！"

唉，虽然勺子最后沾下不少土渣渣，但是杰西看上去还是脏兮兮的。

学习爬墙的小壁虎

你需要准备:

两个气球
锡纸

实验开始:

1. 吹起一个气球,让它在头发上快速蹭一会儿;

2. 把吹起的气球粘在墙壁上;

3. 吹起另一个气球,也在头发上快速蹭一会儿;

4. 拿起锡纸,把第二个气球粘在锡纸上;

5. 观察两个气球的变化。

有趣的现象：

把两个气球在头发上进行摩擦，然后分别粘在墙上和锡纸上。你很快就会发现，粘在墙上的气球比较有吸力，粘在锡纸上的气球片刻就掉下来了！

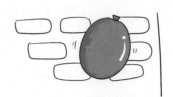

那个气球为什么掉了？克莱尔，你是不是没有用力蹭它？

老天做证，我是真的尽力了！锡纸上的气球粘不牢，是因为锡纸是个超好的导电体。你也可以这么想，带着电荷的气球粘在了锡纸上，但是锡纸很快把电荷运走了。也就是说，它们之间的"胶水"不见了！

知识链接

所谓的导电体就是能够让电流通过的物质，某些材料的导电性能比较好，例如碳，它就是一种良好的导电体。我们常见的干电池，也被叫作碳性电池，那是因为它主要是通过碳棒来导电的。

"什么是电的良导体，克莱尔？"

"电的良导体嘛，就是很容易让电子通过的材料。"

"那么，电的良导体都有哪些呢？"

"这个可就多了，比如金属和水都是电的良导体，因为它们的电阻非常小，所以电流很容易从它们的身体里通过。"

"可是，我听说水是绝缘体？"

"没错，你还真聪明！不过准确地说，绝对纯净的水才是绝缘体，大自然中的水或多或少都含有杂质，是能导电的。所以下雨天尽量不要在电线杆旁行走。"

生气的钉子

你需要准备：

泡沫板
一根粗钉子
手套

实验开始：

1. 拉上窗帘，尽量让屋子保持黑暗；

2. 一只手拿起泡沫板，在衣服上快速蹭一会儿；

3. 另一只手戴上手套拿起钉子，让钉子尖接近泡沫板被摩擦过的
   地方；

4. 观察钉子尖的状态。

有趣的现象：

泡沫板和钉子都不可能无缘无故地冒出火星来，但是只需蹭一蹭这么简单的操作，钉子就放电了！没错，电就是黑暗中闪烁着的小火花。

> 钉子尖为什么会噼啪响呢？克莱尔，是你惹钉子生气了吗？

哦，我把钉子气着了——这可真是个令人开心的假设！让我来告诉你吧！泡沫板摩擦衣物的时候获得了一些电荷，而钉子也想得到这些电荷，噼啪声就是电荷在转移的过程中发出来的。对了，你也可以想一想雷雨天的闪电，只不过闪电的威力更大而已！

知识链接

闪电其实就是一种强烈的放电现象，它可以发生在云与云之间、云与地之间或者积雨云内部。一道闪电的长度最长可达数千米，并且闪电的温度非常高，甚至比太阳表面温度还要高上好几倍。

"下雨了，克莱尔，闪电会不会来？"艾米望着窗外问。

"很有可能，假如云朵当中的电荷过量，闪电就会出现的。"

"啊，闪电会不会跑到屋子里来？"艾米突然紧张极了，它一下子把脑袋藏进了克莱尔的怀里。

"放心吧，小艾米！我会保护你的。咱们这就关好门窗，把闪电挡在外面！"

"关好门窗就能挡住闪电吗？哎呀，不好了，杰西的洞没有门窗，它会不会被闪电击中？"

"唉，如果闪电能够击中可恶的老鼠，那真比中彩票还令人高兴。"克莱尔说道。

有**电**的克莱尔

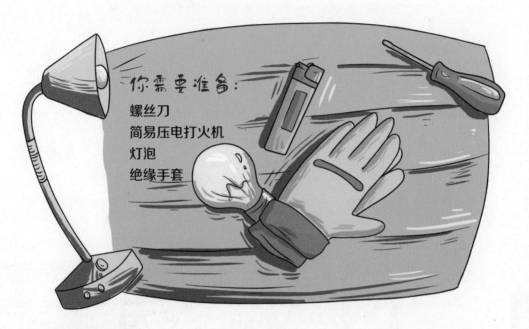

你需要准备：

螺丝刀
简易压电打火机
灯泡
绝缘手套

实验开始：

1. 用螺丝刀拆开打火机，取出点火器（要注意安全）；

2. 一只手戴上绝缘手套，拿住点火器的塑料部分；

3. 另一只手握着灯泡的玻璃罩，用点火器的金属部分摩擦灯泡的金属部分；

4. 观察灯泡的状况。

有趣的现象：

通常来讲，点亮灯泡是一件复杂的事情，它需要安装在灯头上，并且在开关的控制下才可能发光。可是，这个灯泡竟然在你手里亮了一下！

咦，灯泡真的亮了一下吗？难道你会发电吗，克莱尔？

哈哈，不是会发电的克莱尔，而是会发电的点火器！艾米，别看点火器个子小，但是它可以在摩擦的瞬间释放高压电，电量足以点亮一只灯泡！不过，那只是瞬间的放电，所以灯泡很快就灭了。

知识链接

我们都知道爱迪生是因为发明电灯一举成名的。其实，早在1854年就有另外一个人发明了电灯，他就是美国的亨利·戈培尔。爱迪生只是在此基础上更换了更合适的材料，研制出了实用性更强的白炽灯。

"哇，老鼠洞这么黑，杰西，你真的需要一盏电灯！"艾米把脑袋伸进老鼠洞说。

　　"可是我家里没有电线，所以还是点蜡烛吧！"

　　"拿着这个，它可以让你拥有一盏不用电的电灯。"艾米举着一个点火器对杰西说。

　　"这是个什么东西？"

　　"它——它是个蹭蹭肚皮就能发电的东西，我特地从打火机里拆下来送你的。"

　　为了用上不接电线的电灯，杰西听了艾米的劝说，开始用打火器蹭肚皮。

　　"啊——电！"杰西发出了一声惨叫，因为它真的感觉到了点火器放的电。唉，杰西从爪子到尾巴全都被电麻了。

甜丝丝的火焰

你需要准备：

两块方糖

实验开始：

1. 选择一个光线较暗的房间，拉起窗帘，最好能走到避光的角落里；

2. 双手各拿起一块方糖；

3. 快速摩擦两块方糖；

4. 观察方糖的状态。

有趣的现象：

糖，吃到嘴里甜甜的，或许你从来不以为它是有电的。但是，当两块方糖摩擦的时候，你看到了不可思议的现象。没错，微弱的火光出现了！

糖块冒火了！天哪，杰西吃糖了，糖在它肚子里着火怎么办？

放心吧，肚子里的糖是不会着火的！告诉你吧，其实原本没有方形的糖，方糖是由白糖挤压而成的，在挤压过程中，许多电荷受到了束缚，暂时在糖块体内安静下来，而快速摩擦让安静的电荷重新恢复了活力！

知识链接

方糖也叫作半方糖或者白方糖，它的甜度非常高，经常作为咖啡伴侣使用。传统工艺制作方糖主要采用压缩技术，后来改用了更先进的振动成型技术。使用高频振动手段得到的方糖不仅颗粒均匀、质地结实，而且溶解速度更快了。

"艾米听着，糖会放电！所以一定不能贪吃啊，糖会把你满口的牙全电坏的。"克莱尔看着艾米，故意说道。

　　"哈哈，克莱尔，我只知道不吃糖会馋死的。"

　　"想看看方糖的火光吗？"克莱尔举着一块方糖问艾米。

　　艾米张开嘴巴，好奇地等着。克莱尔拿起两块方糖快速摩擦，磨碎了的糖渣一点点掉进艾米的嘴里。

　　"唉，我没被电死，但是可能会被甜死。"艾米感叹道。

　　"刚刚你使劲摩擦方糖，也没有看到火光，这是为什么，克莱尔？"

　　"唉！那是因为室外光线太充足，眼睛根本察觉不到方糖释放的那一点点微光了。"

　　"哦，原来是这样啊，
我明白了。"

镜子里的霓虹

你需要准备：

有锡纸的空牛奶袋
自动铅笔芯
小锤子
小镜子
9伏电池一节
两条细长的锡纸
双面胶

实验开始：

1. 把空牛奶袋剪开，将铅笔芯放进去，折上袋子的剪口；

2. 用小锤子敲击袋子里的铅笔芯，将笔芯敲碎成碳粉；

3. 找个昏暗的角落，把碳粉倒在小镜子上，均匀撒成长条状；

4. 用双面胶把两条锡纸分别粘在电池的两极；

5. 让电池垂下的两条锡纸同时接触碳粉；

6. 观察碳粉的状况。

有趣的现象：

你或许会想：铅笔芯除了写字还能做什么？但在两条锡纸接触铅笔芯粉末的那一刻，你发现一道细微的弧光闪现出来了！

呀，一道火光在跳舞！克莱尔，快告诉我，跳舞的火光是哪儿来的？

那是碳粉汇成的弧光！电池通电产生的热量让一部分碳粉飞了起来，当电流通过飞起来的碳粉的时候，弧光就出现了。大街上那些漂亮的霓虹灯，就是这样发出光亮的！

知识链接

英国化学家拉姆赛，在一次化学实验中意外地发现，原来气体也能导电并且发出光亮。后来拉姆赛有意将氖气、氩气等气体灌进真空试管，他发现这些气体不仅能发光，而且会发出不同颜色的光。就这样，拉姆赛发明了霓虹灯。

"喵——救命啊，克莱尔！"

"艾米挺住！来了，我来了！"克莱尔一路狂奔赶来救命，差点儿摔个大跟头。

"克莱尔，我的飞盘鼠不转了。"

唉，原来只是它的新玩具罢工了。

"哦，是电池没电了，换上新电池，老鼠就能继续飞了！"克莱尔蹲在地上检查了一番。

"哼，没用的废电池！克莱尔，把它们扔进垃圾桶吧！"

"哈哈，废电池没人爱，垃圾桶也不要它。艾米，你要记住，废电池不能和普通垃圾扔到一起。"

"为什么？菜叶子可以丢进垃圾桶，废电池为什么不行？"

"听我说，艾米！菜叶子是有机物，就算它掉在地上埋在土里，也不会对大自然造成什么危害。但是废电池不一样，它们个个都是浓缩的污染源，放任自流会造成严重的污染。"

"哦，原来是这样，我明白了！"

30

苦涩的勺子

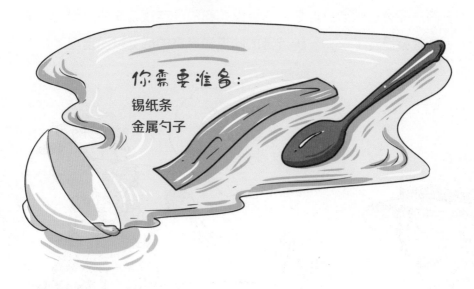

你需要准备：

锡纸条
金属勺子

实验开始：

1. 一手拿锡纸条，一手拿金属勺子，同时在头发上快速摩擦；

2. 把锡纸条和小勺子同时放进嘴里；

3. 将锡纸条的尾巴和勺柄捏在一起；

4. 体会舌头的感觉。

有趣的现象：

锡纸条是没有味道的，勺子也是没有味道的，就算它们经过头发的摩擦也没味道。但是，当锡纸条和勺子连接起来的时候，你的舌头就会受苦了——一种苦苦的味道和麻麻的感觉瞬间出现了。

克莱尔，为什么舌头会变得又麻又苦呢？

哈哈，舌头被电到了，它被电出了麻麻的感觉！你知道为什么吗？因为摩擦过的锡纸条和勺子全都带上了电。当你同时把锡纸条和勺子放进嘴里，并且连通它们的时候，电荷通过唾液发生了移动，而舌头就是转移电荷的必经之路！

知识链接

唾液俗称口水，它能起到润滑口腔黏膜、辅助食物吞咽等作用。唾液中所含的淀粉酶还能促进食物消化，并且杀灭部分口腔细菌。另外，唾液中含有钠、钾、钙、氯等多种离子，所以还具有一定的导电能力。

"克莱尔，摩擦就能产生电吗？"

"摩擦的确能产生电，但是一定要摩擦对了东西才行。"

"摩擦什么才是对的，克莱尔？"

"摩擦产生的电叫作静电，化纤的织物和你身上的毛，都是容易产生静电的材料。"

"克莱尔呢，克莱尔的毛呢？"艾米扒着克莱尔的头发问。

"我的毛？哈哈，那是我的头发！不过说真的，头发的确能生电，所以蹭一蹭就会竖起来。"

威力十足的烛火

你需要准备：

两条细长的锡纸
电池
小灯泡
铅笔芯
蜡烛
安全火柴
双面胶

实验开始：

1. 用双面胶把两条锡纸分别粘在电池两极；

2. 用双面胶把灯泡底部的金属凸起粘在其中一条锡纸上；

3. 用双面胶把铅笔芯粘在另一条锡纸上；

4. 用双面胶将铅笔芯和灯泡的螺旋状金属部分粘到一起；

5. 点燃蜡烛，用火焰烘烤铅笔芯，注意用火安全；

6. 观察灯泡的状况。

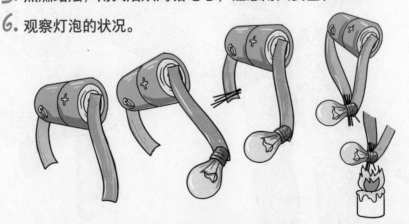

有趣的现象：

当我们把灯泡、锡纸、电池、铅笔芯统统连起来的时候，灯泡很平静，"眼"都没眨一下。但是当铅笔芯被烛火烘烤后，小灯泡竟然亮了！

灯泡为什么忽然亮起来了？克莱尔，难道蜡烛可以发电吗？

哦，蜡烛不会发电，但是它可以让铅笔芯不再充当"拦路虎"！你知道吗？铅笔芯是个非常称职的电阻，正是它挡住了电池中电流前进的道路。不过，当铅笔芯被蜡烛烤热之后，它对电流的阻碍能力就变小了。

知识链接

电阻，指的是某个导电体对电流阻碍作用的大小。每个导体都有电阻，但是也有一些导体的导电性能非常好，一定温度下电阻甚至可以降为零，这些导体便被称为超导材料，金属银就是其中之一。

"杰西，快伸出你的爪子！"艾米踩着杰西的尾巴说。

"放过我吧，猫王！我要去工作了。"

"你去工作？你又要去花生地里偷吃对不对？"艾米眨眨眼质问道。

艾米用双面胶把杰西、灯泡和电池连在了一起，但是灯泡就是不亮。

"克莱尔，灯泡为什么不亮？杰西是个电阻对不对？"艾米问。

"听着，艾米，任何生物体都能导电，包括杰西。灯泡没亮是因为电池里的电量太少了。"

躲开 "电老虎"

你需要准备:

一杯纯净水
盐
小灯泡
电池
双面胶
3条细长的锡纸

实验开始:

1. 把两条锡纸分别粘在电池两极;

2. 把小灯泡底部的金属凸起粘在其中一条锡纸的末端;

3. 将第三条锡纸粘在灯泡的螺旋状金属部分;

4. 将两条垂下的锡纸同时伸入水杯里,观察灯泡的状况;

5. 往水杯里撒一勺盐,继续观察灯泡的状况。

有趣的现象：

当你把两条锡纸同时伸入水杯中的时候，灯泡并没有亮起来。
但是往水杯里撒入一勺盐之后，灯泡亮了！

哇，小灯泡亮了！这是为什么？

艾米，灯泡能点亮，全靠盐帮忙！如果想要电池把电传给灯泡，就得有一定的媒介，但是纯净水偏偏是没有杂质的水，是不导电的。嗯，你也可以认为，溶在水中的盐实际起到了铺路搭桥的作用，是它们让电池的电流顺利到达了小灯泡！

知识链接

唾液、血液……人的身体里充满了各种各样的液体，所以人体绝对是个导体。也就是说，一旦我们的身体接触电流，并且电流强度足够强，那么就可能发生触电惨案。

"啊，触电太可怕了！克莱尔，我们关掉电视机吧，灯也关掉。"艾米跟克莱尔说。

"艾米别怕！相信我，电视机是安全的，电灯也是安全的！"

"那什么样的电是不安全的？"

"如果使用不当，电就会变得很危险！听着艾米，当我不在你身边的时候，你要把那些有电的家伙统统当成大老虎，离它们远远的。"

艾米也是小火炉

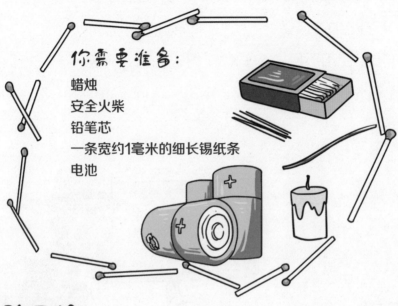

你需要准备：

蜡烛
安全火柴
铅笔芯
一条宽约1毫米的细长锡纸条
电池

实验开始：

1. 点燃蜡烛；

2. 给铅笔芯裹上一层蜡油，并且晾干；

3. 把锡纸条缠在铅笔芯上；

4. 将锡纸条的一端粘在电池某一极上；

5. 拿起锡纸条的另一端，让它接触电池另一极，观察铅笔芯的状况。

有趣的现象：

如果给铅笔芯涂上一层蜡油，蜡油很快就会凝固的。但是，当我们把锡纸条和电池连成一个圈后，铅笔芯上的硬蜡油就开始变软了。

咦，蜡壳又变成了蜡油？克莱尔，铅笔芯变热了对不对？

没错，铅笔芯上的蜡被烤化了！因为锡纸条连通了电池的两极，让电流得以通过，这个过程会产生一定的热量。嗯，这组装置就相当于一个简易的电暖气吧！

知识链接

简单地说，电暖气的基本工作原理就是将电能转化为热能，再通过热辐射的方式加热周围的空气，以此提高室内温度。

"热辐射？克莱尔，热辐射是什么东西？"

"艾米，其实热辐射就是把自己的热量传递出去。"

"自己的热量传给谁？"

"我们辐射出来的热量都要传给空气。"

"我也会热辐射吗？"

"没错，艾米也是个小火炉！因为通常来讲，温度高于绝对零度（约为−273.15℃）的物体都会向外辐射热量的。"

冷的冷，热的热

你需要准备：

铜丝
宽约1毫米的细长锡纸条
黑胶布
5号电池
胶皮垫
绝缘手套
双面胶
体温计

实验开始：

1. 将锡纸条折起若干折；

2. 用黑胶布把铜丝和折过的锡纸条连接起来；

3. 电池两极各自粘好双面胶，并将铜丝粘到电池某一极上；

4. 整组装置放在胶皮垫上，戴好绝缘手套，将锡纸条的尾端粘在电池另一极；

5. 大约20分钟后，将体温计分别靠近铜丝和锡纸条，观察两者温度。

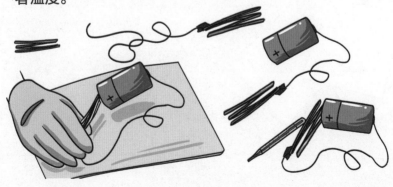

有趣的现象：

铜丝和锡纸条都是导电材料，但是你把它们连接起来，形成闭合电路之后，却发生了异常状况。你会发现，通电后，锡纸条的温度高于铜丝的温度。

为什么锡纸条更热一点儿呢？克莱尔快说，锡纸条是不是发烧了？

哦，发烧的锡纸条，冷静的铜丝！这是因为电流通过铜丝的时候几乎没有受到任何阻碍，但是折过的锡纸条会不断阻止电流通过。也就是说，电流在锡纸条里逗留的时间更长，热量就这么累积起来了！

知识链接

锡纸的确切叫法应该是铝箔纸，因为它的主体成分是金属铝。虽然铝可以让食物加热更快，但是铝摄入超标会严重危及人体健康，比如影响头脑发育，所以人们在铝箔外面添加了涂层，这才变成了可以在厨房使用的锡纸。

"喵——克莱尔是烤鱼专家，现在，鱼香味已经把我的鼻子灌满了，我都要等不及了！"艾米蹭蹭克莱尔说。

　　"这就好，这就好！锡纸烤鱼马上就来！"

　　"可是克莱尔，你为什么要用锡纸烤鱼呢？"艾米飞快蹿到猫碗前说。

　　"因为锡纸不仅可以让鱼熟得更快，还能很好地留住鱼的味道！快来尝尝！"

　　"太好吃了！"

针，能指南

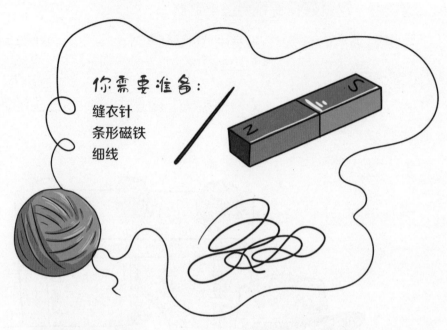

你需要准备：
缝衣针
条形磁铁
细线

实验开始：

1. 用缝衣针的尖头摩擦磁铁某一极，而且要多摩擦一会儿；

2. 用细线穿过缝衣针；

3. 拎起细线，观察缝衣针的状况。

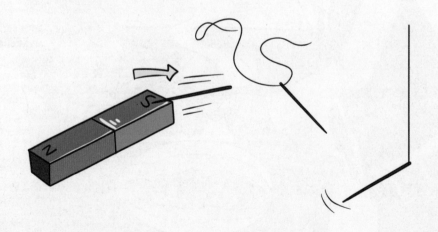

有趣的现象：

你一定以为缝衣针是找不着北的。但是，只要在磁铁上蹭了又蹭，它一定会变聪明的。你瞧！当你手中的细线不再摇晃时，缝衣针指向了正南正北！

真是聪明的缝衣针！克莱尔，是你教会它辨别方向吗？

不是我，是磁铁让缝衣针掌握了新本领！艾米，你知道吗？在磁铁上摩擦过的缝衣针也带上了磁性，也就是说它像磁铁一样具有了南极和北极！当然，你也可以把它看作是一个简易的指南针！

知识链接

你知道现代指南针的老祖先是谁吗？它的名字叫司南，模样有点像勺子，是以天然磁铁矿石为原料制成的。司南是古代人用来辨别方向的一种仪器，已有两千多年历史了。

"你知道哪里是南，哪里是北吗，杰西？"艾米把杰西推到角落里拷问。

　　"猫王，我知道！一觉睡到大中午，太阳就在正南方！"

　　"哦，杰西真是一只有学问的老鼠！可是阴天怎么办？"艾米问。

　　"哦，猫王，阴天不出门就好了。"

　　"不，杰西，只要带上指南针，阴天也不会迷路的。"说完，艾米把杰西按在地上，用磁铁使劲在它背上蹭。后来，杰西晕晕乎乎地站了起来，但是它彻底找不着北了。

指南说北

你需要准备:

强磁铁

指南针

实验开始:

1. 拿起指南针面朝南方站立,观察表盘状况;

2. 让指南针紧贴强磁铁,持续几分钟;

3. 拿起接触过强磁铁的指南针,观察表盘状况。

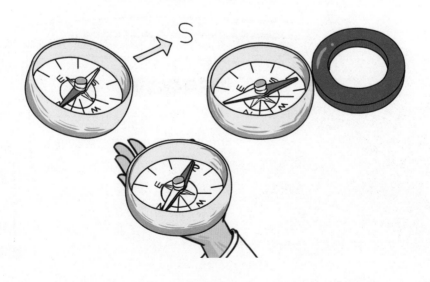

S

有趣的现象：

只是与强磁铁接触了那么一会儿，本来好好的指南针竟然变得晕头转向了！瞧，它居然把南说成了北！

哇，指南针说谎了！克莱尔快来做证，我明亮的大眼睛没看错，对吗？

艾米，你说得对，这个指南针的确没说真话！因为强磁铁对指南针造成了干扰，让它失去了明辨方向的能力。不过别担心，只要昏了头的指南针与强磁铁再聚一次，它就会变好的。

知识链接

磁卡就是利用磁性记录信息的卡片，例如银行卡。一旦磁卡被强磁场物体干扰，储存在磁条中的信息就会发生紊乱，俗称"消磁"，而自动提款机是无法识别消磁的银行卡的。

xxxx xxxxxxx

"哇，电视机变绿了，小鱼是绿的，老鼠也是绿的！为什么？"艾米被绿绿的电视机吓了一跳。

"真的呀，全绿了，快让我看看，这是谁干的！"

终于，克莱尔抓住了"嫌疑犯"，它是一块磁铁！

艾米望着磁铁说："克莱尔，你确定没有冤枉它吗？"

"相信我，强磁铁会让电视机自身的磁场变得乱七八糟，所以图像才会失去正常的颜色。"

"克莱尔，我可不想每天看到绿色的图像。"

"嗯，我也不想。放心吧，艾米！电视机具有自动消磁的功能，它很快就会复原的。"

电多也要省着用

你需要准备：

碳棒
浓盐水
面巾纸
小灯泡
一小块锡纸
一条细长锡纸
透明胶

实验开始：

1. 用浓盐水浸泡折叠的面巾纸，以纸不滴水为宜；

2. 把盐水浸泡过的面巾纸裹在碳棒上，两端留有余地；

3. 将小块锡纸裹在面巾纸外层；

4. 将锡纸条搓成细绳状；

5. 用透明胶把搓好的锡纸条粘在碳棒外锡纸上，留出一段；

6. 将留出的锡纸条与灯泡螺旋状金属部分粘在一起；

7. 用灯泡底部的金属凸起触碰碳棒没被包裹的部分，观察灯泡的状态。

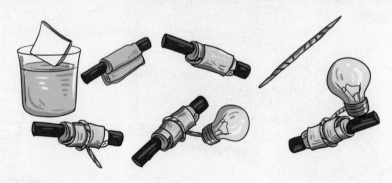

有趣的现象：

经过层层包裹与连接，一个微小的发电装置大功告成。然后你会发现，就在灯泡接触碳棒那一刻，它被点亮了！

碳棒发电了，对吗？克莱尔，是碳棒点亮了灯泡吗？

没错，是碳棒存储的电能让小灯泡亮了起来！碳棒体内蓄积的电子在盐水的作用下变得活跃起来。而后，活跃的电子沿着锡纸条跑向了小灯泡，于是灯泡被点亮了！

知识链接

碳棒的主要成分是碳和石墨，通过添加黏合剂、挤压、焙烤等加工手段，最终变成了我们看到的样子，有圆柱形的也有长条形的。因为碳棒具有升温快、导电性强等优点，所以目前已在冶金、化工、铸造等领域被广泛应用。

"没有电会怎样？"

"没有电嘛——天黑了只能点蜡烛，我不能用电脑，你看不成动画片……"

"天哪！那电用完了怎么办？"

"放心吧，艾米！发电厂会给我们提供源源不断的电能，至少目前是这样的。"

"发电厂怎么会有电？"

"发电厂的办法多着呢！火力发电、水力发电、太阳能发电、风能发电……许许多多能量都可以被转换为电能，但是能源都得省着用，否则早晚会被用光的。"

失忆的磁铁

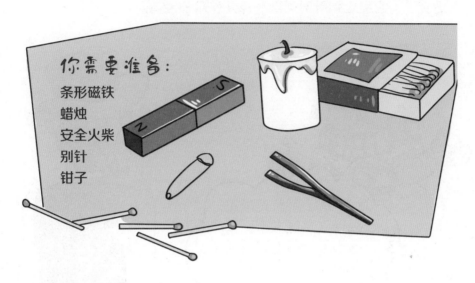

你需要准备：

条形磁铁
蜡烛
安全火柴
别针
钳子

实验开始：

1. 用磁铁吸引别针，观察别针状态；

2. 点燃蜡烛；

3. 用钳子夹起磁铁，让磁铁接触烛火；

4. 大约10分钟之后，夹着烤过的磁铁靠近别针，观察别针状态。

有趣的现象：

磁铁本来是可以吸引别针的，但是，磁铁被蜡烛烤过之后好像变迟钝了，它靠近别针时竟然一点儿作用都没有。

啊，磁铁是不是变傻了？克莱尔，难道它这么快就忘掉了别针吗？

没错，这是一块失忆的磁铁！你想想，磁铁之所以具有磁性，是因为它身体里的铁原子排列有序。但是当它被烛火烤一烤，温度升高之后，铁原子原有的队列被打乱了，磁铁也就失去了磁性。

知识链接

其实，磁铁的作用绝不仅仅是吸引别针那么简单，能够高速前进的磁悬浮列车就是依据磁铁同性相斥的原理制造的。磁力不仅让列车甩掉了拖后腿的摩擦力，而且避免了与铁轨摩擦产生噪声。

"哦，克莱尔，磁铁就这么坏掉了吗？"

"我能把坏磁铁修好，你相信吗？"

"那，只能试试看了。"

"来吧，我们把这块失灵的磁铁放在地上，用小锤子轻轻敲敲它。"

"克莱尔，它已经变傻了，你还想把它敲得更傻吗？"

"当然不是，敲一敲是为了让磁铁内部的铁原子恢复原状，重新排好队。这样一来，磁铁的磁性也就恢复了。"

靠近我做朋友

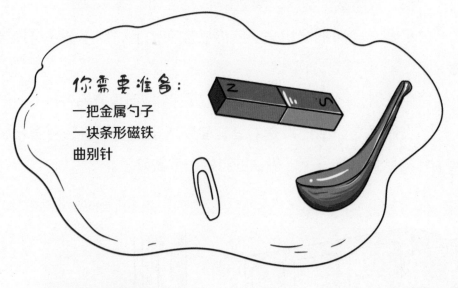

你需要准备：
一把金属勺子
一块条形磁铁
曲别针

实验开始：

1. 让勺子接触曲别针，观察状态；

2. 用勺子摩擦磁铁，多摩擦一会儿；

3. 用摩擦过的勺子去靠近曲别针，观察状态。

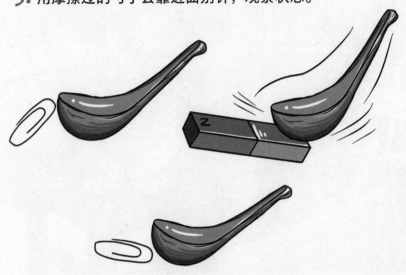

有趣的现象：

　　曲别针本来对勺子没有任何好感，但是，当勺子与磁铁相处一会儿之后，曲别针的态度大转弯，竟然向勺子靠近了！

　　勺子和曲别针到底算不算好朋友？克莱尔，你说呢？

　　哈哈，磁铁牵红线，让勺子和曲别针相亲相爱了！其实勺子身体里藏着好多小磁体，不过它们的磁场并没有朝向同一方向，所以相互抵消了磁力。而磁铁和勺子接触后，强迫勺子中的小磁体重新排队，之后勺子就像磁铁一样具有了磁性。

知识链接

　　据说曲别针诞生之前，大头针已经诞生了，它们有个共同的作用，那就是把散页的纸张连在一起。但是大头针具有一种潜在的危害性——它的尖头可能会扎到人，所以曲别针逐渐取代了大头针。

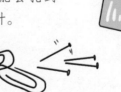

"克莱尔，磁铁只能吸引铁块吗？"艾米问。

"当然不是，磁铁也能吸引其他金属，比如钴和镍。"

"那个勺子刚刚吸住了曲别针，它是磁铁吗，克莱尔？"

"严格意义上说，勺子算是个软磁铁。"

"咦，什么软磁铁？勺子明明是硬的。"

"软磁铁不是软的磁铁，而是说，这种东西的磁性是暂时的。"

"哦，是这样啊！"

站住，冒牌的硬币

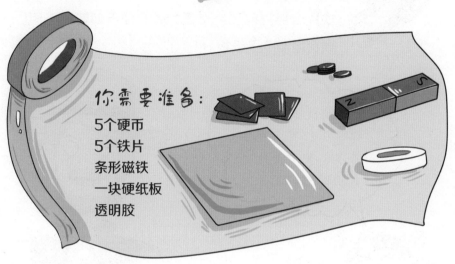

你需要准备：

5个硬币
5个铁片
条形磁铁
一块硬纸板
透明胶

实验开始：

1. 将硬纸板的长边两端弯折，折起部分宽约10厘米，让纸板变成简易滑梯；

2. 把折过的纸板平放，并将条形磁铁粘在纸板背后；

3. 翻过来，让硬币和铁片分别滑过磁铁所在位置；

4. 观察硬币和铁片的状态。

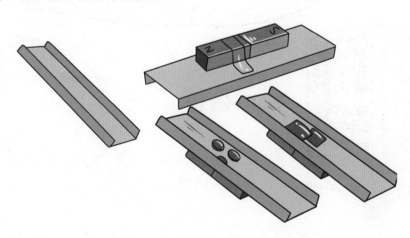

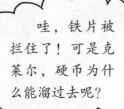

有趣的现象：

虽然磁铁藏在纸板下面，但是它还是把5个小铁片全部拦截了。奇怪的是，硬币却畅通无阻，顺利地滑下了纸板。

哇，铁片被拦住了！可是克莱尔，硬币为什么能溜过去呢？

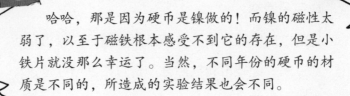

哈哈，那是因为硬币是镍做的！而镍的磁性太弱了，以至于磁铁根本感受不到它的存在，但是小铁片就没那么幸运了。当然，不同年份的硬币的材质是不同的，所造成的实验结果也会不同。

知识链接

投下硬币等着饮料骨碌一下掉出来，这看起来是种很时尚的消费举动。其实，这种自动饮料机便是利用了电磁的原理。

"天上连马路都没有，大雁为什么能找到自己的家呢，克莱尔？"艾米望着天空中飞翔的大雁问。

"天上的确没有马路，但大雁对磁场的感应很灵敏，它们即使在天上也能感受到地球的磁场。正是地球磁场的变化，让它们得以辨别方向的。"

"大雁永远都不会迷路吗？"

"当然不是！假如身体里的磁场受到干扰，大雁也会迷路的。"

"可是，谁会影响大雁的磁场呢？"

"能够释放强大电磁波的东西，就一定会对大雁的磁场造成干扰，比如无线电发射塔。"

"哦，明白了！"

懒惰的旧纸币

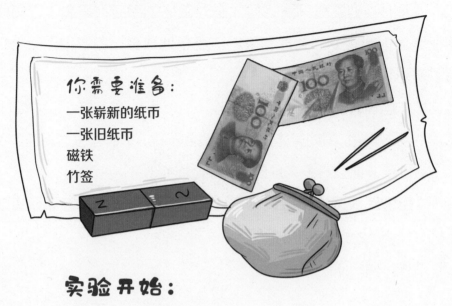

你需要准备：

一张崭新的纸币
一张旧纸币
磁铁
竹签

实验开始：

1. 将崭新的纸币对折；

2. 用竹签把崭新的纸币撑起来；

3. 一手举着竹签，另一只手拿起磁铁；

4. 让磁铁在纸币上方画圈圈，观察纸币状况；

5. 使用旧纸币重复上述步骤，观察状况。

有趣的现象：

当你拿着磁铁，让它绕着竹签上的纸币转圈的时候，崭新的纸币竟然随着磁铁转起了圈。但是旧纸币很懒惰，它可不想跟着磁铁乱转。

新纸币为什么会转圈，旧纸币为什么不转圈？克莱尔，你说这是为什么？

哈哈，转圈是因为有点儿铁，不转是因为铁丢了！艾米，印制纸币所用的油墨中通常含有少量的铁，它能感受到磁铁的吸引。但是旧纸币表面的油墨已经快磨光了，这样一来，磁铁便无法在它身上嗅出铁的味道了。

知识链接

很久很久以前，人们便意识到，以物换物是一件非常麻烦的事，于是，货币应运而生了。许多东西都充当过早期的货币，例如贝壳、金子和银子。后来纸币出现了，由于具有成本低、携带方便等优点，它被一直沿用下来。

"菠菜那么好吃吗？为什么我一点儿都不想吃菠菜？"艾米看着吃菠菜的克莱尔，仿佛在看一个外星人。

"想要补铁，就应该多吃菠菜，它可是蔬菜里的'含铁大王'！"

艾米听后跑到杰西身边说："来，再吃点！相信我，菠菜真是好东西。"

"猫王，我又不是胶皮球，再吃会撑坏的。"

没多久——

"喵——克莱尔，你为什么骗我？"

"怎么了，我犯了什么错？"

"你说菠菜含有很多铁，但杰西吃了很多很多菠菜，磁铁还是吸不上它！"

"哈哈！磁铁吸杰西，我可从来不敢想啊！艾米，你要知道，能被磁铁吸引的是铁原子，而菠菜里所含的铁并不是以原子形式存在的，所以杰西吃再多的菠菜，也不会被磁铁吸引的。"

铁

站得高，没力气

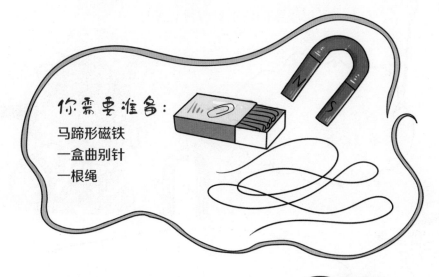

你需要准备：

马蹄形磁铁
一盒曲别针
一根绳

实验开始：

1. 把绳子拴在磁铁最高点；
2. 把磁铁吊在门把手上；
3. 将曲别针吸在磁铁底部，一个接一个，直到吸不住为止；
4. 在磁铁最高点吸曲别针，一个接一个，直到吸不住为止；
5. 数数哪个点吸的曲别针数量更多。

有趣的现象：

或许你以为，马蹄形磁铁上下两端没什么区别，事实上，下端吸到的曲别针数量更多！

咦，上面少下面多？克莱尔，我没数错吧？

是的，没数错！马蹄形磁铁有个特点，那就是末端磁力最大，越接近顶点磁力就越小，因为马蹄形磁铁南北两极是平行的。其实你也可以想象，我们把马蹄形磁铁抻直的样子——顶点变成了腰，而磁铁的腰的确是没多大力气的。

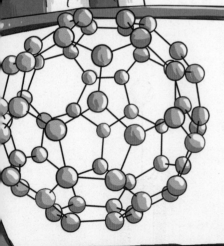

知识链接

元素，又称化学元素，这个家族共有100多个基本成员，包括金属和非金属，它们只由某种单一原子组成，并且不易分解。元素是一种宏观的称谓，铁原子和铁离子都可以称作铁元素。

"磁铁有南极和北极，地球也有南极和北极，难道这只是个巧合吗？"艾米问。

　　"地球的南北极叫地极，磁铁的南北极叫磁极。地极与磁极的确有点儿像。"

　　"哪里像呢，我怎么看不出来？"

　　"其实，地球本身也是个大磁场，它的南极圈和北极圈附近磁场比较强，而一块磁铁上磁性最强的部分，也是它的南极和北极。"

唱着唱着走调了

你需要准备:

收音机
气球

实验开始:

1. 把气球吹起来并且扎紧;

2. 打开收音机,竖起天线,调到某个
   正常播音的频道;

3. 在衣服上快速摩擦气球;

4. 把摩擦过的气球靠近收音机天线。

有趣的现象：

收音机里传来的原本是播音员悦耳的声音，但是当气球凑过去的时候，瞬间发生了意外情况：刺耳的噪音出现了！

好难听，好难听！克莱尔，收音机为什么突然发怒了？

哈哈，其实是电磁干扰让收音机变得烦躁起来。气球经过摩擦，表面聚集了大量电荷，它接近天线的时候，便会影响收音机正常接收音频信号。同样，雷雨天气也可能出现这种状况。

知识链接

自然界电磁干扰的源头主要有两大类：一是大气层放电；二是大气层之外的无线电辐射。电磁干扰危害性是非常大的，它甚至会影响人造卫星和宇宙飞船的正常运行。

"看，天线老鼠！"艾米拍着杰西的头说。

原来，艾米把一根铁丝弯弯卷卷，戴在了杰西头上。

"猫王，这样的话，我真是没法见人了。"杰西沮丧地说。

"快唱首歌吧，杰西！就唱《老鼠偷油吃》！"

艾米拿着它的小气球，蹭蹭肚皮又靠近杰西的天线，就这样重复了一百多回。

杰西的叫声最终把克莱尔招来了！

"可恶的老鼠，吱吱吱吱，你还有完没完了！"

"克莱尔，为什么杰西插上天线，唱歌还是走调呢？"

"唉，给杰西插天线肯定是没用的。因为天线是用来发射或者接收电磁波的，而杰西根本不需要。"

飞碟来了

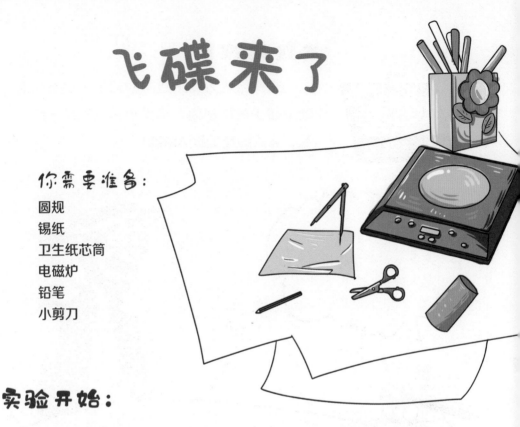

你需要准备:

圆规
锡纸
卫生纸芯筒
电磁炉
铅笔
小剪刀

实验开始:

1. 把纸芯筒放在锡纸中央,用铅笔沿着纸芯筒口在锡纸上画个等大的圆圈;

2. 以这个圆圈的圆心为圆心,用圆规画个更大的圆圈;

3. 拿起小剪刀,沿线将两个圆剪下来,使之变成环形;

4. 将纸芯筒立在电磁炉上,把环形锡纸套在纸芯筒上;

5. 开启电磁炉(要注意安全),观察圆环的状态。

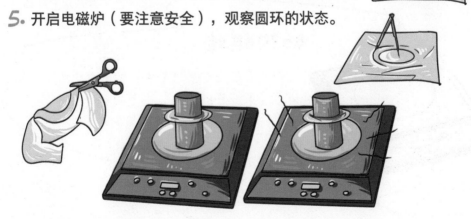

有趣的现象：

或许你认为锡纸是不会动的，但是当启动电磁炉的刹那间，你发现锡纸圆环一跃而起，竟然玩起了悬浮游戏！

哇，银色的飞碟！克莱尔，是谁把圈圈举起来的？

哈哈，飞碟真的来了！其实道理很简单，通电的电磁炉周围形成了一个电磁场，而锡纸的磁性恰恰是从这个小磁场中获得的。这也意味着锡纸和电磁炉磁性是一致的，它们必须要保持一定的距离。

知识链接

世界上第一台家用电磁炉诞生于德国，它的出生年份是1957年。由于具备升温快、无污染、容易操作、安全性好等优点，电磁炉渐渐走进了千家万户，如今几乎成了家庭厨房的必备品。

"克莱尔，什么叫电磁场，就是有电的磁场吗？"

"是啊！由带电物体形成的磁场就是电磁场，也叫电流磁场，就像电磁炉一样。"

艾米听后，跑到杰西身边。

"杰西，你想飞起来吗？从克莱尔的鼻子底下飞过去。"

"飞起来？这个问题嘛，我还从来没想过。"

艾米无视杰西的意见，直接把它领到厨房，指着电磁炉说："趴上去吧，杰西！它能让你飞起来，就像飞碟一样。"

克莱尔见状哈哈大笑："艾米，杰西趴到电磁炉上不会飞起来的。"

一定可以捞上来

你需要准备:

水
小口玻璃瓶
别针
条形磁铁

实验开始:

1. 给小口玻璃瓶灌上水;

2. 将别针丢到玻璃瓶里;

3. 让磁铁接近瓶壁,并且靠近别针所在的位置;

4. 移动磁铁,观察别针的状况。

有趣的现象：

虽然磁铁和别针之间有双重阻碍——水和玻璃瓶，但是磁铁依然能对别针实施控制。瞧！你手中的磁铁动一动，别针就会跟上去！

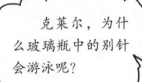

克莱尔，为什么玻璃瓶中的别针会游泳呢？

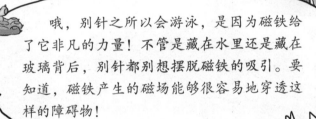

哦，别针之所以会游泳，是因为磁铁给了它非凡的力量！不管是藏在水里还是藏在玻璃背后，别针都别想摆脱磁铁的吸引。要知道，磁铁产生的磁场能够很容易地穿透这样的障碍物！

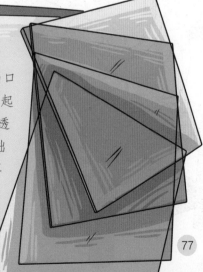

知识链接

很早很早以前，人们在火山口发现了一种奇怪的熔岩，它看起来有点透明。古埃及人对这种透明熔岩进行了研究，并在此基础上研制出了有色的玻璃。而真正无色透明的玻璃是中国人创造出来的，时间大约在公元前1000年。

"天哪，藏在玻璃后面也能被找到！克莱尔，还有谁能拦住磁铁呢？"

"放心吧！其实磁铁也有'天敌'，比如纯铁，也就是没有杂质的纯粹的铁。"

"'天敌'？它会吃掉磁铁吗？"

"纯铁吃磁铁？艾米，你的想法可真奇妙！不过我说的'天敌'是指纯铁可以阻隔磁铁的磁性，假如你把一块磁铁放进了纯铁制成的小盒子里，磁铁就再也不能吸引盒子外面的铁了。"

珠珠穿一串

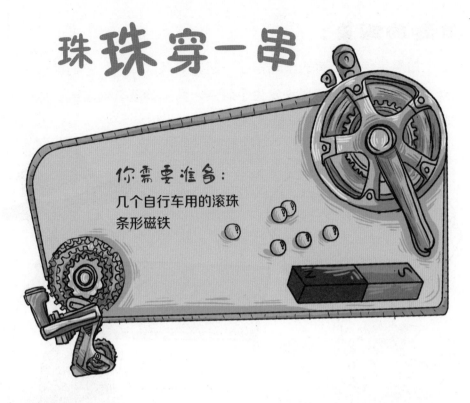

你需要准备：

几个自行车用的滚珠
条形磁铁

实验开始：

1. 将几个滚珠摆成一串，向它们吹口气，观察状态；

2. 把一个滚珠吸在磁铁上；

3. 再拿一个滚珠，让它靠近吸在磁铁上的滚珠；

4. 重复上述动作；

5. 观察滚珠的状况。

有趣的现象：

如果单纯将所有的滚珠摆在一起，只需吹口气，它们就散开了。但是当滚珠与磁铁发生了联系，再不需要其他东西，你就能把一颗颗滚珠连在一起了。

哇，珠珠"粘"着珠珠！克莱尔，它们就这样永远"粘"在一起了吗？

不，只要离开磁铁，它们就会立刻分手的！它们之所以能连在一起，是因为磁力是可以传导的，它可以通过一个滚珠传到下一个滚珠。但是随着滚珠数量的增加，磁力会变得越来越弱，总有彻底消失的一刻。

知识链接

滚珠轴承是滚动轴承的一种，它经常被应用在自行车前后轮子上，可以帮助减少部件之间的摩擦力，从而让车跑得更快。

"啊，珠珠掉了！磁铁耍赖皮，它不想提珠子了吗？"

"不是它不想，而是它提不动了。小珠子掉了下来，是因为磁力变小了，也就是磁铁的吸附力变小了。"

"磁力为什么会越来越小呢，克莱尔？"艾米问。

"因为磁力大小与距离远近有着直接的关系，与磁铁的距离越远，感受到的磁场强度也就越小。"

秩序就是力量

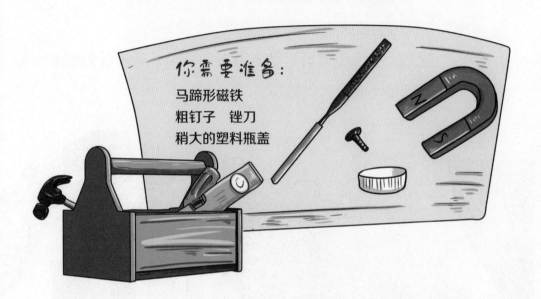

你需要准备：

马蹄形磁铁
粗钉子　锉刀
稍大的塑料瓶盖

实验开始：

1. 用锉刀反复打磨铁钉，得到一些铁屑；

2. 瓶盖凹面朝上，把铁屑撒在里面；

3. 把装有铁屑的瓶盖放在马蹄形磁铁的两极之间；

4. 用铁钉轻轻敲打瓶盖，观察铁屑的状态。

有趣的现象：

　　细小的铁屑本来杂乱无章地堆在瓶盖里，但是把瓶盖放到马蹄形磁铁两极之间，并用铁钉轻轻敲打瓶盖之后，铁屑开始排队了，排成近似弧形的队伍。

铁屑连成了一条线！克莱尔，是谁指挥它们排队的？

哈哈，是磁力在召唤它们！虽然我们看不到磁场，也看不到磁力，但是铁一定可以感受到磁场的存在。你瞧！眼前这些铁屑帮我们看到了磁力运动的轨迹。

知识链接

　　铁并不是什么稀有物质，但它往往存在于铁矿石当中，需要通过一定手段才能提取出来。所以过去很长一段时期内，人类都没能发现铁的存在。正因如此，人类在经历了石器时代、青铜时代之后才进入了铁器时代。

"它也会画磁力线吗，克莱尔？"艾米拿着一块长条磁铁问。

"当然！只要它是磁铁，就一定可以画出磁力线的，而且是从北画到南。"

"什么从北到南？什么意思？"

"从北到南就是从北极到南极。磁铁内部和外部都有磁力线，如果观察磁铁外部，磁力线一定是从北极出发再进入南极的。"

被转晕的针

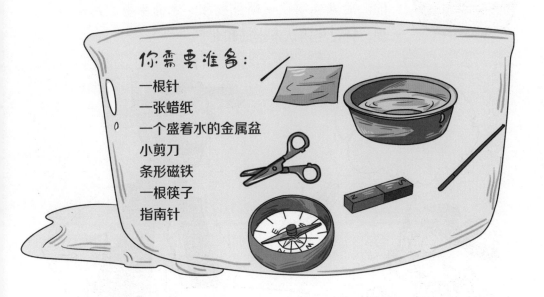

你需要准备：

一根针
一张蜡纸
一个盛着水的金属盆
小剪刀
条形磁铁
一根筷子
指南针

实验开始：

1. 用小剪刀把蜡纸剪出一个直径略长于针的圆形；

2. 让针在磁铁上反复摩擦，多摩擦一会儿；

3. 将磁铁摩擦过的针别在蜡纸上；

4. 把蜡纸丢进水盆里，观察针尖的指向；

5. 用筷子搅动盆里的水，待水面平静后再观察针尖的指向。

有趣的现象：

你把蜡纸和针丢到水里，发现针是直指南北的。后来你用筷子胡乱搅和，水面平静之后却发现，针已经辨认不出南和北了。

克莱尔，这根针是不是被转晕了？

哈哈，没错！它的确是晕了！无缘无故被一块磁铁蹭了个够，这根针最大的收获是得到了磁性。可是水面发生的震荡又让它丢失了磁性，当然也就无法分辨方向了。

知识链接

蜡纸，就是经过特殊工艺处理，表面涂了蜡的纸。蜡纸的防潮性能非常好，所以经常被用来包装糖果和面包。

"唉，都流血了，你真是太不小心了！"艾米扒着克莱尔的手说。

　　"没事，我有钢筋铁骨，不会被一根针扎坏的。"克莱尔安慰艾米道。

　　原来，克莱尔在缝扣子时不小心把手指头扎伤了。

　　"钢筋铁骨，克莱尔有铁骨头吗？让我吸吸看！"

　　艾米用磁铁蹭来蹭去，但是磁铁就是不肯"粘"在克莱尔身上。

　　"根本不是钢筋铁骨，克莱尔你骗我！"

　　"啊！艾米，钢筋铁骨只是个比喻，说明我很坚强。人的身体是没法导磁的，就像纯铁不能导磁一样。"

盐粒找妈妈

你需要准备：

精盐
瓷盘
勺子
毛线球

实验开始：

1. 把少量精盐撒在瓷盘里；

2. 让勺子靠近盐粒，观察盐粒的状态；

3. 用勺子摩擦毛线球，多蹭一会儿；

4. 让蹭过毛线球的勺子靠近瓷盘里的盐粒，观察盐粒的状况。

有趣的现象：

盐粒在盘子里好好地待着，即使你用勺子去轻触它们，也不会有任何变化。但是，当勺子和毛线球摩擦之后，盐粒突然喜欢上了勺子。没错，一个接一个的盐粒向勺子跳过来！

哇，盐粒开始蹦蹦跳了！克莱尔，它们把勺子当成妈妈了，对吗？

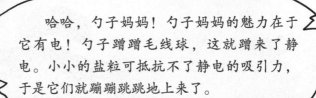

哈哈，勺子妈妈！勺子妈妈的魅力在于它有电！勺子蹭蹭毛线球，这就蹭来了静电。小小的盐粒可抵抗不了静电的吸引力，于是它们就蹦蹦跳跳地上来了。

知识链接

我们从自然界得来的盐既不白也不细，它们经过加工，去除杂质后就成了精盐。但是，精盐在变干净的同时，也丢掉了一些对人体有益的微量元素。所以，人们又制造出了加钙盐、加锌盐等营养盐。

"天哪，咸死了，咸死了！今天的面包为什么这么咸？"克莱尔咬了一口面包，然后叫苦连天。

　　"哦，也许盐放多了。克莱尔，你可以把盐吸出来呀，用勺子把它吸出来！"

　　"可是，我明明做的甜面包啊！"

　　"哦，对不起，我给甜面包撒了点儿盐。"

　　"啊，这是什么时候的事？"

　　"就在你和面的时候。"

　　"唉！艾米，那些盐已经融在面粉里了，它们这辈子都出不来了。"

就是不理你

你需要准备：

两个气球
两根细线
一块丝绸手帕

实验开始：

1. 分别将两个气球吹起来，别吹太大，吹好后用细线把口扎紧；

2. 将其中一个气球在头发上快速摩擦，多蹭一会儿；

3. 用丝绸手帕摩擦另一个气球，多摩擦一会儿；

4. 一手提起一个气球的线，让它们慢慢靠近，观察气球状态；

5. 让两个气球同时在头发上摩擦，再重复第四个步骤，观察气球状态。

有趣的现象：

当摩擦过头发的气球遇到了摩擦过丝绸的气球时，两个气球亲密地贴到了一起。但是当两个气球全都摩擦头发后再相遇的时候，它们竟然谁都不理谁了。

哦，一会儿亲近一会儿嫌弃。你说，它俩为什么反复无常呢？

气球反复无常，是因为电荷发生了改变！摩擦过头发的气球带负电，而摩擦过丝绸的气球带正电，负电是乐于亲近正电的。奇怪的是，不论正电还是负电，它们都非常嫌弃自己的亲兄弟。

知识链接

最初的热气球是在一次烤火时发明的，那两个烤火的人就是法国的蒙特哥菲尔兄弟，当时他们只是胡思乱想：要是能把炉子里冒出来的烟装进袋子，袋子不就会飞了吗？事实证明，某些时候的发明就这么简单。

"杰西加油，吹一个大气球！"艾米拿着气球来找杰西玩了。

"饶了我吧，猫王！再吹下去，我会累晕的。"

"别气馁，大气球会把你带上天空的！"艾米坚持道。

气球越吹越大，大得把杰西都给挡住了。

"快蹭蹭，快用气球蹭肚皮，把自己"粘"在气球上！"

砰！气球终于爆炸了，又累又怕的杰西真的晕了。

"克莱尔，为什么那么大的气球都不能让杰西飞上天？"艾米很纳闷。

"哈哈，静电的力量是有限的，气球被胖杰西拖下来还差不多。况且，只有气球里的气体比空气轻的时候，气球才能飞上天。"

看我的腾空绝技

你需要准备:

缝衣针
条形磁铁
细线

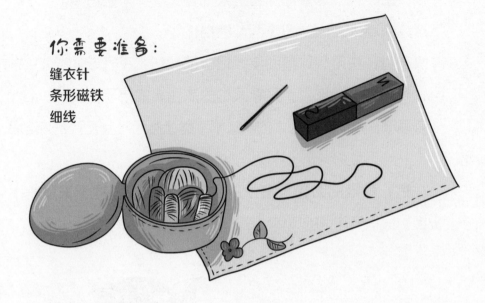

实验开始:

1. 给缝衣针穿上线,让它在条形磁铁的某一极上用力摩擦;

2. 拎起针上的线,让针与磁铁表面保持一定距离;

3. 让针沿着磁铁表面向磁铁另一极移动,动作要轻缓;

4. 观察针的动向。

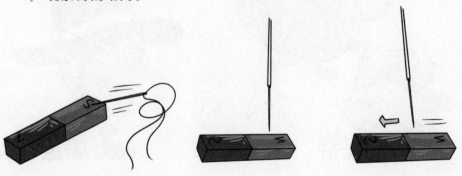

有趣的现象：

开始时缝衣针很听话，像个木偶一样任凭摆布。但是，快到最后的时候，它突然横了过来。哇，缝衣针悬浮了！

克莱尔，快把这根针锁进盒子里好吗？喵——浮在半空中的针实在太可怕了！

别怕，我这就把它抓走！放心吧，艾米！缝衣针不可能没头没脑地浮起来。其实你可以这样想，它在移动的过程中，突然遇到了与自身磁性相同的磁极，于是被推向了更高的地方，就像磁悬浮列车。

知识链接

木偶就是用木头雕刻的玩偶形象，根据具体操纵方法的不同，又可以将木偶分为提线木偶、杖头木偶等类型。登台的木偶会哭、会笑、会唱，又会打，但是无论表演多精彩，幕后的演员才是它们真正的灵魂。

"磁悬浮？天哪，要是磁铁没磁力了，火车不就跑不动了吗？"艾米紧张地问。

"放心吧！磁悬浮列车的动力来自电磁场，只要有电就有磁。"

"磁悬浮列车为什么能跑那么快呢，克莱尔？"

"那是因为磁悬浮技术让列车与轨道之间的摩擦力大大减小了，其实你也可以把列车当成一个低空飞行体。"

铅笔是不是小·坏蛋

你需要准备：

一根没削的带棱铅笔
一根没削的圆形铅笔
卷笔刀
强磁铁

实验开始：

1. 把圆形铅笔放在棱形铅笔上；

2. 将强磁铁放在两根铅笔的一端，距离约3厘米，观察铅笔的动向；

3. 拿下圆铅笔，用卷笔刀削出铅头来；

4. 将削好的圆铅笔放回棱形铅笔上，笔尖对着强磁铁；

5. 观察铅笔的动向。

有趣的现象：

原本铅笔和强磁铁保持距离，互不干扰。但是当圆铅笔削出铅头后，它好像忘了自己是谁，竟然主动向强磁铁靠近了！而未削的棱形铅笔仍留在原地。

哇，尖尖的铅笔跑过来了！克莱尔，它想把强磁铁扎疼，它是个小坏蛋对不对？

放心，铅笔不是小坏蛋！铅笔芯是石墨做成的，而石墨当中含有许多小磁体，只不过磁性很微弱，足以被铅笔的木质外皮给隔绝了。而在卷笔刀削出铅头后，铅笔就可以感受到强磁铁的吸引力了！

知识链接

石墨的主要成分是碳元素，它在轻工业当中有着广泛的用途，是制造铅笔、墨汁、油墨等产品不可或缺的原材料。

"喵——出来呀，你给我出来！"

"艾米，你在干吗？"

"克莱尔，我想要帮你削铅笔，可是铅笔不听话。"艾米咬着一根崭新的铅笔说。

"削铅笔？那我怎么没见到卷笔刀呢？"

"看，这是我的新型卷笔刀——我要把铅笔芯吸出来！"艾米边说边把强磁铁给克莱尔看。

克莱尔呆住了。

害羞的曲别针

你需要准备：

塑料衣架
两根细线
曲别针
马蹄形磁铁
电池
两根宽约1毫米的细长锡纸
双面胶

实验开始：

1. 用细线把磁铁和曲别针分别系在衣架的两端；

2. 把衣架挂起来，挪动系着磁铁和曲别针的线，让它们吸在一起；

3. 把两条锡纸分别搓成细绳；

4. 把搓好的锡纸绳分别粘在曲别针的两端；

5. 将锡纸绳垂下的部分分别粘在电池的两极，观察曲别针的状况。

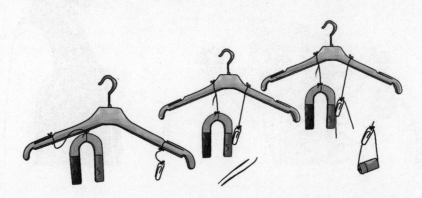

有趣的现象：

本来曲别针已经牢牢"粘"在磁铁上了，但是当你把电池、锡纸绳和曲别针连成一个圆，情况发生了改变：曲别针不再"粘"着磁铁，它掉下来了。

咦，一对要好的朋友分开了？克莱尔，难道曲别针被我看得害羞了吗？

哈哈，曲别针可没那么容易害羞啊！它会掉下来是另有原因的。原本，曲别针受到磁铁的吸引，已经带上了磁性。但是，当锡纸绳把曲别针和电池连起来之后，一个小电路就形成了。这样一来，奔跑在电路中的电流不仅产生了热量，同时也将曲别针上的磁性赶跑了。

知识链接

据说最初的衣架是由一名美国铁匠发明的。有一天铁匠上班迟到了，发现衣帽柜已经被占满了。铁匠左看右看，顺手抓起一根铁丝，弯来弯去弯成了带钩的三角形。就这样，铁匠的专属衣架诞生了！

"电流？电也会流动吗，克莱尔？"

"没错，电也会流动，比如顺着电线流动到灯泡。"

"电为什么会流动呢？"

"那是因为导电体内部存在很多不安分的小微粒，例如离子，它们背着电荷不停地运动，于是电流就形成了。"

荡开波纹一圈圈

你需要准备：

电磁炉
白纸
铁钉
锉刀
一根筷子

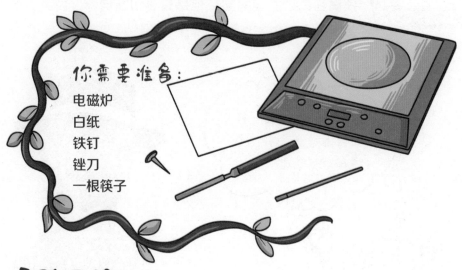

实验开始：

1. 用锉刀打磨铁钉，得到一些铁屑；

2. 把铁屑放在白纸上；

3. 将放有铁屑的白纸平铺在电磁炉上；

4. 给电磁炉通电（要注意安全），用筷子轻轻敲打白纸，观察铁屑状况；

5. 切断电磁炉电源，并用筷子轻轻敲打白纸，再次观察铁屑状况。

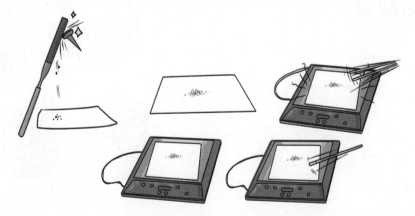

有趣的现象：

当电磁炉通电之后，神奇的圆圈出现了。对，是铁屑在白纸上画的圈！但是只要切断电源，白纸上的圆圈就会一去不复返了。

哇，水波纹一样的圆圈！克莱尔，是谁在指挥铁屑？

艾米，是电磁场对铁屑发出了指令！当电磁炉通了电，一个小型的电磁场也就出现了，电磁场中分布着看不见的磁力线！而会画画的铁屑让我们看到了这些磁力线。

知识链接

如今大到盖房子，小到墙壁上挂个画框，现代人的生活似乎离不开钉子了。但是在没有钉子的古代，巧手工匠使用木质的榫卯作为关节，同样可以将家具和房子搭造起来。相关资料显示，中国古代框架结构的木屋抗震性能极其优良，甚至达到了"房倒屋不塌"的绝妙境界。

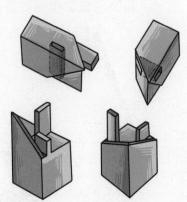

"克莱尔，电磁场和电磁炉有什么关系？"

"艾米，所有家用电器工作的时候都会产生电磁场，当然其中也包括电磁炉。"

"天哪，那我岂不是被电磁场包围了？"

"是的，我们不仅被电磁场包围了，也被电磁场发出的电磁波包围了。"

"我被电磁波包围了？天哪，它会不会咬我？"

"没错，就是咬人的电磁波，艾米一定要当心哦！"

"哇，救命啊，克莱尔！"艾米紧张极了，它一下子跳进克莱尔的怀里。

"哈哈，放心吧！电磁波不超标是不会害人的。"克莱尔摸着艾米的脑袋安慰道。

兄弟隔墙难相见

你需要准备：

两个气球
丝绸手帕
硬纸板
一根细线

实验开始：

1. 吹起一个气球，用细线把口扎紧；

2. 吹起另一个气球，把两个气球系在同一根线上；

3. 用丝绸手帕分别摩擦两个气球，多摩擦一会儿；

4. 拎起气球的细线，观察气球状态；

5. 把硬纸板插在两个气球中间，继续观察气球状态。

有趣的现象：

只要你拎起细线，两个气球就立刻兵分两路了。但是当硬纸板凑过去的时候，一对气球好像突然找到了目标，一齐朝硬纸板贴了过去！

克莱尔，你觉得硬纸板做了什么？

我认为嘛，硬纸板来劝气球和好的。哈哈，开个玩笑！其实是这样的：同样被丝绸摩擦过的两个气球带有同种电荷，不可能"粘"在一起，即使硬纸板来了，它们也不可能"粘"到一起。但是，它们都想"粘"在硬纸板上。

知识链接

古代的丝绸专门指的是蚕丝织成的纺织品。真丝制成的衣物轻薄柔软，穿着舒适，但是缺点也不少，例如容易褪色，或者起皱打褶。然而随着现代生产工艺的进步与完善，用合成纤维仿制的丝织品出现了，它们在一定程度上克服了真丝的种种缺陷，品质却毫不逊色。

"克莱尔，既然有电的良导体，是不是也有电的不良导体？"

"没错，电的不良导体，其实应该叫作绝缘体。"

"绝缘体，它和谁绝缘了？"

"自然是和电绝缘了，因为绝缘体的电阻非常大，所以电流很难从它身体里通过。"

"谁是绝缘体，我见过吗？"

"当然见过，比如我的大雨鞋，它是胶皮做的，既防水又防电。"

受气的西红柿

你需要准备:

西红柿
铁叉子
铜钥匙
小灯泡

实验开始:

1. 捏捏西红柿,把它捏得软软的,但是不要捏破;

2. 把叉子插在西红柿上;

3. 把铜钥匙也插在西红柿上,位置与叉子平行,其间隙可以容下小灯泡;

4. 将小灯泡架在叉子与钥匙之间,确保灯泡的两极分别接触到叉子与钥匙;

5. 等待一段时间,观察灯泡的状况。

有趣的现象：

身上长着叉子、钥匙和灯泡，这个西红柿的样子真是奇怪。更奇怪的是，灯泡居然亮了！

> 灯泡怎么会亮起来？克莱尔，难道你买到了一个带电的西红柿？

> 哈哈，有电的西红柿，西红柿的电可不是买来的！当铜和铁两种不同材质的金属一起插到西红柿上，一个生物电池就做好了。我们把西红柿捏了又捏，是为了让其中的液体更具流动性，让电流运行更通畅。

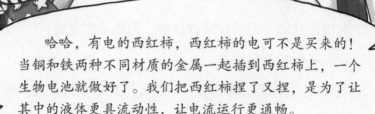

知识链接

西红柿的老家在南美洲的大森林里，这种红彤彤的果实在当地产量极高。但是欧洲人初次看到西红柿的时候，不但不敢摘下来尝尝，还给它取了个吓人的名字——"狼桃"。因为在古人的观念里，色彩艳丽的果实几乎就是毒果的象征。

"生物电池？土豆是生物吗，克莱尔？" 艾米问。

"当然了，土豆也是一种生物。"

"克莱尔你看，灯泡没亮，这个土豆不是做电池的材料吗？"

克莱尔转头看过去，发现艾米拿着一个土豆，上面插了一把勺子和一把叉子。

"艾米，你的土豆不发电，是因为没有电压！"

"电压去哪儿了？"

"两种不同材质的导电材料，例如铜和铁组成闭合电路之后，才可能产生电压，而你插在土豆上的勺子和叉子全是铁的，是不会产生电压的。"

就要紧紧跟着你

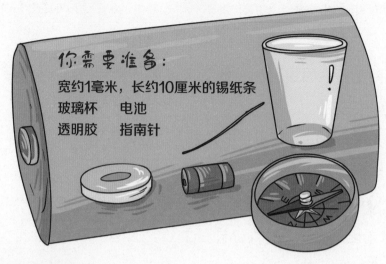

你需要准备：

宽约1毫米，长约10厘米的锡纸条
玻璃杯　　电池
透明胶　　指南针

实验开始：

1. 将玻璃杯倒扣过来；

2. 将细长锡纸条搓成绳子状；

3. 将搓好的锡纸绳中部粘在玻璃杯的杯底，纸条略微呈弧形；

4. 将指南针放在玻璃杯底，弧形锡纸绳的一侧；

5. 转动玻璃杯，直到指南针的针与锡纸绳呈平行状；

6. 将弧形锡纸绳的一端粘在电池某一极上；

7. 让锡纸绳的另一端接触电池另一极，观察指南针的状态。

有趣的现象：

当你手中的锡纸绳接触电池的瞬间，指南针好像触电了一样，突然"立正"了。对，它转到了与原来锡纸绳垂直的位置！

哦，一会儿横着，一会儿竖着。克莱尔，这个指南针被吓到了吗？怎么这么胆小？

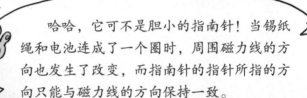

哈哈，它可不是胆小的指南针！当锡纸绳和电池连成了一个圈时，周围磁力线的方向也发生了改变，而指南针的指针所指的方向只能与磁力线的方向保持一致。

知识链接

1928年的一天，有个美国人跑去专利局申请专利，他的新发明是一种透明的"塑料布条"，只不过这种布条的一面被涂上了胶水。当初专利局丝毫不看好这项专利，但是它依然顽强地被沿用至今。对了，它就是透明胶。

刺啦刺啦——克莱尔拿着一块透明胶粘裤子，粘上去撕下来，再粘再撕，艾米终于看不下去了。

"克莱尔，你在做什么？"艾米问。

"艾米，裤子上都是你掉下来的猫毛！透明胶能粘走这些毛，还能粘走裤子上细小的灰尘。"

艾米一听，计上心来，它跑到老鼠洞口说："杰西，今天我帮你洗澡吧，不用水。"

"猫王啊，还是不要浪费您的精力了，我去沙子里打个滚儿就好。"

"不行，我要把你身上的土粘下来！"艾米举着一卷透明胶说。

"啊！要命的粘鼠板！快跑，克星来了！"

哈哈，艾米一眨眼，吓坏的杰西就跑远了。

真是好记性

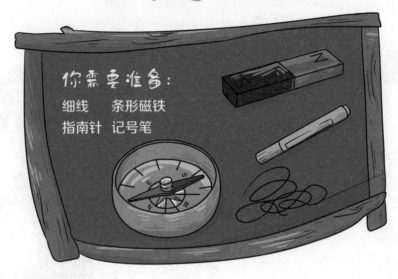

你需要准备：

细线　条形磁铁
指南针　记号笔

实验开始：

1. 把细线系在条形磁铁的中间；

2. 一手拎起细线，慢慢地让磁铁平稳下来；

3. 以指南针为参照，在条形磁铁朝北的一头做个记号；

4. 一手拨动拴磁铁的细线，让磁铁转圈，多转几圈；

5. 等到转圈的磁铁平静下来，观察它身上那个记号所指的方向。

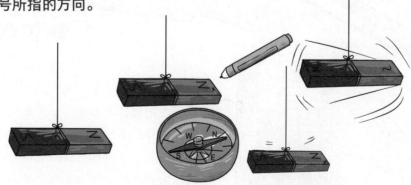

有趣的现象：

哇，这块磁铁好像有了记忆，不论它转了多少个圈圈，做了记号的那头永远指向同一个方向。

克莱尔，磁铁为什么会记得方向呢？

那是因为地球是个大磁场，处在这个巨大磁场里的小磁铁受到地球两个磁极的指引，是不会轻易改变方向的。

知识链接

记号笔有两种，一种叫油性记号笔，另一种叫水性记号笔。水性记号笔可以在任意光滑的物体表面写字，只要用抹布擦擦就能擦掉。不过油性记号笔特别难缠，即使在白板上书写也很难彻底清除痕迹，所以，它只适宜标识永久性记号。

"地球是块大磁铁？克莱尔，你是不是在开玩笑？"

"不，这是有证据的！"

"你把证据拿来！地球磁铁吸引谁了？"

"证据就是，地球这块大磁铁吸引了太阳风！"

"什么太阳风？太阳还会刮风？"

"那当然不会！太阳风其实是太阳上飞出来的带电粒子。"

"太阳风去哪儿了，克莱尔？"

"吹向地球的太阳风全都聚向了南极和北极，它们是被南极和北极的强大磁场吸引过去的。"

"你是怎么看出来的，克莱尔？"

"我是通过绚烂无比的极光看出来的。你知道极光吗？极光就是太阳风与极地附近的空气相互碰撞的结果。"

歌唱的小火花

你需要准备:

空易拉罐
一块与易拉罐等高的保鲜膜
吸管
双面胶

实验开始:

1. 将吸管的一头折过来一小段,并用双面胶把它粘在易拉罐的顶部;

2. 用保鲜膜裹住易拉罐,裹紧一点儿;

3. 一只手将裹好的易拉罐提起来,让它保持悬空;

4. 找个光线较暗的角落,用另一只手撕掉保鲜膜;

5. 伸出一根手指头靠近易拉罐,观察状态。

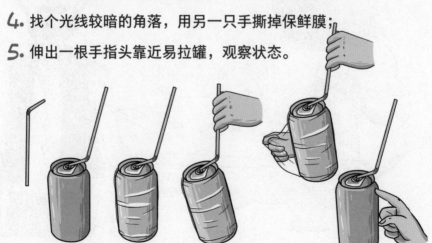

有趣的现象：

手指快要摸到易拉罐的时候，火花突然出现了，还伴随着噼里啪啦的细小声响。对，手指头还有麻麻的感觉。

天哪，好可怕的罐子！克莱尔，我再也不能靠近易拉罐了是不是？

其实易拉罐没有那么可怕。当易拉罐上的保鲜膜被撕下来时，好多电荷跑到了罐子上。而手指是个不错的导电体，当它靠近罐子时，电荷便会向手指转移，于是，唱着歌的小火花就出现了！

知识链接

易拉罐有铝制的，也有铁制的，两相比较，铝制易拉罐重量轻，成本低廉。麻烦的是，用铝制易拉罐盛放的饮料存在铝超标的风险，而铝元素在人体内大量堆积可能存在健康隐患，例如影响青少年的大脑发育。

"电荷转移？电荷为什么要转移呢，克莱尔？"艾米问。

"多余的电荷就要转移，因为它们不想变成小刺猬——碰到谁就电谁一下的小刺猬！"

"电荷这样窜来窜去的，会不会电到我？"

"会，它们很可能会电到你的，比如讨厌的静电。"

"那怎么办？克莱尔救命！"

"放心吧！其实防静电的方法还挺多的，比如打开加湿器，给屋内空气增加湿度，穿纯棉的衣服等。"